BEI GRIN MACHT SICH IHR WISSEN BEZAHLT

- Wir veröffentlichen Ihre Hausarbeit, Bachelor- und Masterarbeit

- Ihr eigenes eBook und Buch - weltweit in allen wichtigen Shops

- Verdienen Sie an jedem Verkauf

Jetzt bei www.GRIN.com hochladen und kostenlos publizieren

Johannes Ohnmacht

Hunger in der Welt. Physische Rahmenbedingungen, Verteilungsprobleme und Lösungskonzepte am Beispiel der Sahelzone

GRIN Verlag

Bibliografische Information der Deutschen Nationalbibliothek:

Die Deutsche Bibliothek verzeichnet diese Publikation in der Deutschen National-
bibliografie; detaillierte bibliografische Daten sind im Internet über http://dnb.d-
nb.de/ abrufbar.

Dieses Werk sowie alle darin enthaltenen einzelnen Beiträge und Abbildungen
sind urheberrechtlich geschützt. Jede Verwertung, die nicht ausdrücklich vom
Urheberrechtsschutz zugelassen ist, bedarf der vorherigen Zustimmung des Verla-
ges. Das gilt insbesondere für Vervielfältigungen, Bearbeitungen, Übersetzungen,
Mikroverfilmungen, Auswertungen durch Datenbanken und für die Einspeicherung
und Verarbeitung in elektronische Systeme. Alle Rechte, auch die des auszugsweisen
Nachdrucks, der fotomechanischen Wiedergabe (einschließlich Mikrokopie) sowie
der Auswertung durch Datenbanken oder ähnliche Einrichtungen, vorbehalten.

Impressum:

Copyright © 2004 GRIN Verlag GmbH
Druck und Bindung: Books on Demand GmbH, Norderstedt Germany
ISBN: 978-3-638-85398-9

Dieses Buch bei GRIN:

http://www.grin.com/de/e-book/51095/hunger-in-der-welt-physische-rahmenbedin-
gungen-verteilungsprobleme-und

GRIN - Your knowledge has value

Der GRIN Verlag publiziert seit 1998 wissenschaftliche Arbeiten von Studenten, Hochschullehrern und anderen Akademikern als eBook und gedrucktes Buch. Die Verlagswebsite www.grin.com ist die ideale Plattform zur Veröffentlichung von Hausarbeiten, Abschlussarbeiten, wissenschaftlichen Aufsätzen, Dissertationen und Fachbüchern.

Besuchen Sie uns im Internet:

http://www.grin.com/

http://www.facebook.com/grincom

http://www.twitter.com/grin_com

Albert- Ludwigs- Universität Freiburg i. Br.
Institut für Kulturgeographie
Proseminar Geographische Entwicklungsforschung

Sommersemester 2004

Hunger in der Welt

- Physische Rahmenbedingungen, Verteilungsprobleme und Lösungskonzepte am Beispiel
der Sahelzone –

Johannes Ohnmacht

Wiss. Politik 6. FS
Biologie 6. FS
Geographie 2. FS

1

Inhaltsverzeichnis

2

I. Einleitung

„In Erwägung, dass wir hungrig bleiben
Wenn wir dulden, dass ihr uns bestehlt
Wollen wir mal feststelln, dass nur Fensterscheiben
Uns vom guten Brote trennen, das uns fehlt."

Dieses kleine Gedicht von Bertolt Brecht stellt gewissermaßen den Rahmen der vorliegenden Arbeit dar. Es soll untersucht werden, ob die Hungernden der Dritten Welt[1] tatsächlich nur durch „Fensterscheiben" vom „guten Brote" der Ersten Welt getrennt sind, oder ob hierbei weitreichendere Probleme zu überwinden sind.

Hierzu wird zuerst eine Übersicht über die verschiedenen Definitionen des Hungers und die prinzipiellen Sichtweisen auf den Hunger gegeben (Kapitel II). Diese sollen den theoretischen Rahmen der Arbeit bilden und die folgenden Kapitel gedanklich vorstrukturieren. Am Beispiel der Sahelzone werden dann die schlechten physischen Rahmenbedingungen der Nahrungsmittelversorgung dargestellt, welche dafür verantwortlich sind, dass sich die Problematik nicht entspannt, sondern im Gegenteil immer weiter verschärft (Kapitel III). Anschließend wird die zweite Ebene des Problems beleuchtet, die Verteilungsproblematik. Es soll aufgezeigt werden, ob und wie die Industrieländer auf der Makroebene auf Kosten der Entwicklungsländer den Agrarmarkt dirigieren. Zum anderen wird die Situation auf die national- regionale Mesoebene bezogen, um deutlich zu machen, dass die vorhandenen Nahrungsmittel auch im jeweiligen Entwicklungsland nicht gleichmäßig und gerecht verteilt werden wodurch manche Bevölkerungsteile mehr zu leiden haben als andere (Kapitel IV). Im fünften Kapitel werden dann die drei gängigsten Strategien zur Überwindung des Hungers in der „Dritten Welt" vorgestellt und in ihrer Vereinbarkeit diskutiert. Zuletzt werden die Kernaussagen der Arbeit nochmals gebündelt dargestellt und versucht einen kurzen Blick in die Zukunft zu werfen.

Untersuchungsgegenstand der gesamten Arbeit ist das Afrika südlich der Sahara, insbesondere die Sahelzone und die angrenzenden Regionen, denn hier sind die Zukunftsaussichten am schlechtesten. Afrika ist mit dem asiatischen Wirtschaftsaufschwung und den politischen Problemen zwischen dem Westen und dem Nahen beziehungsweise Mittleren Osten aus dem Fokus des Interesses gefallen und droht marginalisiert und mit seinen Nöten allein gelassen zu werden[2]. Die Arbeit versucht nun Afrikas Hungerproblematik

---

[1] „Dritte Welt" wird in dieser Arbeit synonym mit „Entwicklungsländern" benutzt und bezieht sich insbesondere auf die afrikanischen Länder südlich der Sahara. Ebenso werden „Erste Welt", „Norden" und „Westen" im Sinne der Vereinfachung als Synonym für die Industrieländer verwandt.
[2] Schmidt, 2003: 87.

wieder etwas in das Bewusstsein zu rücken; zur Illustration werden deshalb einige Beispiele aus der Sahelzone an geeigneter Stelle genannt werden.

II. Problemaufriss

An dieser Stelle muss zuerst einmal geklärt werden was Hunger überhaupt ist und wie er definiert ist. Für die UNDP leidet ein Mensch Hunger, wenn er weniger als 1.960 Kalorien pro Tag zu sich nimmt[3]. Damit ist allerdings eine etwas willkürliche Grenze gegeben die unter verschiedenen Bedingungen sicherlich nicht zutreffen kann. So benötigt ein Büroarbeiter in der Stadt deutlich weniger Kalorien, um nicht Hunger zu leiden als ein Landwirt, der schwere körperliche Arbeit leisten muss. Schon deshalb ist der Hunger in ländlichen Regionen viel stärker verbreitet als in urbanen, obwohl dort mehr Nahrungsmittel produziert werden.

Ein zweites Manko dieser Definition ist die fehlende Berücksichtigung der Qualität der Nahrung. Selbst wenn mehr als 1.960 Kalorien zur Verfügung stehen, ist nicht garantiert, dass alle essentiellen Nährstoffe in ausreichender Menge in der Nahrung enthalten sind. Eine bessere Definition ist deshalb sicherlich die von Blanckenburg und Cremer, die Fehlernährung als

> „jede Form der Nahrungszufuhr [...], bei der die dem Körper zunutze kommende Menge an Energie oder an einem oder mehreren Nährstoffen für längere Zeit nach oben oder nach unten so stark vom Optimum abweicht, dass es zu einer Beeinträchtigung von Gesundheit und/ oder Leistungsfähigkeit kommt."[4]

Hierbei werden sowohl die qualitativen und quantitativen, als auch die jeweils unterschiedlichen Bedürfnisse der Menschen berücksichtigt[5]. Es wird deutlich, dass auch eine Überernährung eine Form der Fehlernährung sein kann. Hunger und Fehlernährung sind also nicht identisch. Während sich Hunger vor allem auf den Aspekt des Mangels bezieht, schließt Fehlernährung auch die Überernährung mit ein. Für die Entwicklungsländer genügt es die Mangelseite der Fehlernährung zu untersuchen, was im Folgenden als Hunger bezeichnet werden soll.

Eine weitere wichtige Unterscheidung ist zwischen Nahrungs(un)sicherheit und Ernährungs(un)sicherheit zu treffen. Ersteres bezieht sich auf internationaler, nationaler, regionaler oder auf Haushaltsebene auf das ausreichende Vorhandensein, beziehungsweise die

---

[3] UNDP, 2003: 106.
[4] Zitiert nach: Oltersdorf/ Weingärtner , 1996: 15.
[5] Allerdings ist diese Definition nur sehr schwer operationalisierbar, weshalb zumeist eine einfachere wie die der UNDP verwendet wird.

ausreichende Möglichkeit des Erwerbs, von Nahrungsmitteln (= „availability")[6]. Letzteres geht darüber hinaus und berücksichtigt zusätzlich die speziellen Bedürfnisse von Säuglingen und Kleinkindern, aber auch die Möglichkeit der angemessenen Zubereitung (Brennholz) und der medizinischen Versorgung. Ernährungssicherheit herrscht erst dann, wenn auf Haushaltsebene alle Menschen *gut ernährt* sind[7].

Oft wird in diesem Zusammenhang ein Recht auf Nahrung (= „entitlement") gefordert, um den Hunger einzudämmen. Doch ist hier Lachmann zuzustimmen, der sagt, dass den Menschen nicht mit der Überlassung von Rechten ökonomischer Art zu helfen ist, vielmehr müssen die Rahmenbedingungen geschaffen werden, dass sich Arbeitseinsatz auch in der Dritten Welt lohnt[8]. Richtig ist allerdings, dass solche Rechte in sozialpolitischer Sicht hilfreich sind[9]. Dies ändert jedoch nur den Blickwinkel auf die Problematik auf eine wünschenswerte Weise, kann aber nicht das Ursächliche an sich beheben.

Wenn man nun auf der individuellen Ebene die entitlements nicht als generellen Lösungsweg ansieht, so heißt das aber nicht, dass auf man auf der Ebene der Parteinahme ein Malthusianer ist. Jene würden betonen, dass es *natürlich* kein Recht auf Nahrung gibt, im Gegenteil: Hunger ist ein notwendiges Regulativ der Bevölkerungs*explosion* und letztlich unabdingbar. Letztlich scheint die Malthusianische Position aber im Laufe der Geschichte schon widerlegt, alle Voraussagen über die maximale Kapazität der Erde wurden weit überschritten, ohne dass sich auch nur die Tendenz geändert hätte. Die Natur könnte die Menschheit heute ausreichend versorgen weshalb die Sichtweise Malthus' und seiner Vertreter, von den moralethischen Gründen einmal abgesehen, widersinnig ist[10].

Global gesehen, darin sind sich alle Experten einig, ist für Nahrungssicherheit gesorgt. Laut UNDP hätte bei gleichmäßiger Verteilung jeder Mensch im Durchschnitt 2760 Kalorien pro Tag zur Verfügung[11]. Doch genügt ein kurzer Blick auf die Weltkarte um die regionalen Unterschiede aufzuzeigen: In Afrika südlich der Sahara konzentrieren sich die Länder mit mangelnder Nahrungs- und Ernährungssicherheit ganz deutlich. 16 der 20 Staaten mit einer Nährstoffversorgung unter 2000 Kalorien lagen 1998 hier[12]. Jeder dritte Mensch in dieser Region ist unterernährt, mit steigender Tendenz[13]. Auch die Nahrungsmittelproduktion ging in Afrika zwischen 1980 und 1995 um 8 Prozent *zurück* während sie zum Beispiel in Asien

---

[6] Oltersdorf/ Weingärtner , 1996: 26.
[7] Oltersdorf/ Weingärtner , 1996: 49- 51.
[8] Lachmann, 1990: 87.
[9] Lachmann, 1990: 87.
[10] Dennoch ist der richtige Weg zu diesem Ziel bisher nicht gefunden worden. Die Arbeit soll hier *einen* möglichen Weg aufzeigen.
[11] UNDP, 2003: 106.
[12] Brameier, 1998: 38.
[13] UNDP, 2003: 106.

um 27 Prozent und in Lateinamerika um 12 Prozent *zunahm*[14]. Man sieht hieran, dass Afrika die schlechtesten Zukunftsaussichten hat, wenn nicht bald ein umfassender Lösungsansatz gefunden werden kann.

Ein Grund für die sinkende Nahrungsmittelproduktion liegt in der immer weiter voranschreitenden Desertifikation die im nächsten Kapitel vorgestellt wird. Diese schränkt nicht nur die gegenwärtige Nahrungsmittelproduktion ein, sondern stellt auch auf längere Sicht ein Hindernis für die eigene Entwicklung dar, da die Abhängigkeit von Importen immer größer und die Möglichkeit von Exporten immer geringer wird.

III. Negative physische Rahmenbedingungen in der Sahelzone

Ein gewichtiges Hemmnis für alle Lösungskonzepte ist die abnehmende landwirtschaftliche Nutzfläche sowie, was oft vergessen wird, deren sinkende Produktivität[15]. Die Desertifikation ist hierbei definiert als das Ergebnis aus der Summe aller Faktoren, die die *Verwüstung* ehemals von Vegetation bedeckter Landschaft bewirken. Insbesondere das anthropogene Element steht hierbei im Mittelpunkt, auch wenn die klimatischen Ursachen nicht völlig vernachlässigt werden. In diesem Zusammenhang sind Begriffe wie „man- made desert" und „desert encroachment" wichtig, denn sie betonen nochmals den anthropogenen Faktor beziehungsweise grenzen die Desertifikation gegen andere Formen der ökologischen Degradation ab[16].

1. Erosion durch Brennholzabbau und Ausweitung von Agrarflächen

Zwei unterschiedliche Aspekte kommen in Bezug auf die Vernichtung der Pflanzen mit sekundärem Dickenwachstum[17] zum Tragen: Erstens die verstärkte äolische Erosion, welche nicht mehr von den Pflanzen und deren Wurzeln aufgehalten werden kann und zweitens die Veränderung des Wassergehaltes im Boden.

Letzteres beruht auf der erhöhten oberflächlichen Abflussleistung bei (seltenen) Regenfällen infolge der stark ausgetrockneten Böden denen die schützende Pflanzendecke fehlt. Dies bedingt einen wesentlich geringeren Wassergehalt vor allem in den oberen Bereichen der Böden. Hinzu kommt, dass durch die Verhärtung der Bodenoberfläche der

---

[14] UNDP, 2003: 106.
[15] Hauser, 1990: 150
[16] Zum Beispiel gegen das Waldsterben in Mitteleuropa. Vgl.: Mensching, 1990: 4.
[17] Natürlich fallen auch Pflanzen ohne sekundäres Dickenwachstum der Rodung und Brennstoffgewinnung zum Opfer, doch ist der Effekt der Bäume usw. der gewichtigste.

Benetzungswiderstand steigt und somit seinerseits der Oberflächenabfluss zunimmt[18]. Die Effekte steigern sich also gegenseitig. Besonders im Einzugsgebiet eines Wadisystems bilden sich neue Abflussrinnen in denen bei den wenigen Regenfällen dann regelrechte Sturzbäche rauschen, welche eine enorme Sedimentfracht haben und die Bildung von Arroyos und Gullies begünstigen[19]. Eindringliche Beispiele hierfür sind in Burkina Faso zu beobachten; sie zeigen auch auf, wie schnell sich solche Prozesse durchsetzen können[20].

Die Erosion durch Wind kann man durch die Zunahme von Staubstürmen, mittels des Staubgehaltes der Luft allgemein[21], oder der Dünenbildung- beziehungsweise Reaktivierung erkennen[22]. Deflation ist dem Quadrat der Feuchtigkeit annähernd reziprok und daher immer mit dem Rückgang der Vegetation und den damit zusätzlich zusammenhängenden Effekten verbunden. Prägend für das Landschaftsbild sind hier oft weiträumige, vegetationslose und verhärtete Ebenen oder die so genannten Nebkadünen, welche sich an dem Zizyphus-Dornstrauch mittels Sandakkumulation bilden[23].

Nun stellt sich natürlich die Frage nach der Ursache dieser Erosionsprozesse. Diese ist vor allem in der Brennholzgewinnung zu sehen. So sind um die menschlichen Siedlungen prinzipiell baumfreie Zonen gelegen, die durchaus einen Durchmesser 10 Kilometern und mehr haben können. Verstärkend wirkt hierbei die Bevölkerungszunahme, wodurch die Nachfrage nach Brennmaterialien und Nahrungsmitteln steigt. Diese regt damit eine Ausweitung der landwirtschaftlich nutzbaren Fläche an, weshalb durch Rodung die agrarisch genutzten Bereiche ausgeweitet werden. Jedoch sind die neuen Ackerflächen durch ihre Lage (wenig Niederschläge) zumeist völlig ungeeignet für die Kultivierung und verlieren schnell an Nährstoffen und Produktivität. Somit fallen sie schon nach kurzer Zeit der Erosion zum Opfer und stehen nicht oder nur noch sehr bedingt als Nahrungslieferant zur Verfügung.

Um dies zu verhindern wird deshalb oft auf bewässerungstechnische Mittel zurückgegriffen, die ihrerseits ebenso mit einigen Schwierigkeiten behaftet sind, welche im Folgenden vorgestellt werden.

---

[18] Hauser, 1990: 155.
[19] Mensching, 1990: 21, 22.
[20] Arroyos können sich innerhalb von Tagen bilden!
[21] Gemessen wird dies in Metern „visibility".
[22] Hauser, 1990: 155.
[23] Die Zizyphus- Dornsträucher haben ein großes horizontales Wurzelsystem und können daher oftmals länger als die anderen Pflanzen mit der Trockenheit leben beziehungsweise werden aufgrund der geringen Holzmenge nicht als Energielieferant genutzt. Ursprünglich kommen die Nebkadünen aus dem Maghreb, sind inzwischen aber auch sehr weit in der Sahelzone verbreitet.

7

2. Versalzung durch Bewässerung

Die Versalzung der Böden kann entweder an der Verwendung von stark salzhaltigem Wasser oder an dem nicht ausgewogenen Verhältnis zwischen Wasserzufuhr und entsprechendem Abfluss liegen[24]. Indikator für die Versalzung sind die Bildung von Salzausblühungen oder auch die Degeneration von wenig salztoleranten Pflanzen und die Dominanz von halophilen bis stark halophilen Pflanzen.

Sind somit die Auswirkungen der Bewässerung an sich schon kritisch zu beurteilen (zumindest langfristig), so ergeben sich bei der Untersuchung der Beschaffung des Wassers weitere Kritikpunkte: Es gibt hier nun zahlreiche verschiedene Möglichkeiten: das Wasser kann aus natürlichen Flüssen und Wadis, aus extra ausgehobenen Kanälen, Tiefbrunnen oder aus großen Stauwerken kommen. Bei allen genannten Optionen sind Probleme vorprogrammiert, die sich jedoch in Art und Reichweite unterscheiden.

Bei der direkten Abzweigung von Wasser aus Flüssen oder Kanälen resultiert die Problematik vor allem aus der verringerten Durchflussmenge nach der Entnahme des Wassers. Dadurch nehmen eventuell gespeiste Seen (zum Beispiel der Aralsee) in ihrer Dimension erheblich ab, was dramatische Auswirkungen hat. Generell kann durch die Verringerung der Durchflussmenge im späteren Verlauf des Flusses Trink- und Bewässerungswasser fehlen und selbiger im Extremfall sogar austrocknen, was eine verheerende Bedeutung für die dort ansässige Bevölkerung hat.

Wird das Wasser aus Tiefbrunnen gewonnen, so wird bei zu intensiver Förderung dieses zumeist rein fossilen Wassers der Grundwasserspiegel deutlich abgesenkt, wodurch nach einer gewissen Zeit tiefere Bohrungen nötig werden[25]. Wenn also Wasser auf diese Weise gewonnen wird, ist eine ökologische, aber auch soziale und ökonomische Einbettung des Projektes besonders wichtig, um zu verhindern, dass weder die Grundbedürfnisse der Bevölkerung gestillt (durch Anbau von cash crops), noch die Desertifikation verhindert wird, wie dies bei El Fasher im Sudan geschehen ist[26].

Die schwerwiegendsten Folgen sind aber durch den Bau von teilweise gigantischen Stauwerken zu erkennen. Jene sind erstens sehr teuer und zweitens durch die Anlagerung von Sedimentfracht vor der Staumauer in ihrer Kapazität relativ schnell eingegrenzt[27]. Zudem reduziert sich die Durchflussmenge drastisch und im Unterlauf fehlen die fruchtbaren Sedimente dann, womit dem Nahrungsmittelgewinn durch Bewässerung ein

---

[24] Mensching, 1990: 46; Hauser, 1990: 163.
[25] Hauser, 1990: 164.
[26] Mensching, 1990: 106.
[27] Hauser, 1990: 171.

Nahrungsmittelverlust durch Ausbleiben von fruchtbarem Schlamm gegenübersteht. Als positiver Aspekt muss allerdings zugestanden werden, dass die sozialen Probleme der Umsiedlung über die Möglichkeit der Stromgewinnung zum Teil aufgewogen werden können. Aus diesem Grunde erfreuen sich solche Staudämme insbesondere in Entwicklungsländern immer noch großer Beliebtheit (zum Beispiel Senegal, Sudan aber auch China).

3. Überweidung

Nach Mensching stellt die Überweidung die Hauptursache für die Desertifikation dar[28]. Sie hat ihren Grund unter anderem in der, im Vergleich zu anderen Agrarprodukten, guten Entwicklung der terms of trade des Viehhandels. Über die stetige Vergrößerung der Herden wird aber die beweidete Vegetationsdecke stark ausgedünnt und schließlich gänzlich vernichtet. Dies betrifft nicht nur die klassischen Futterpflanzen wie Gräser und ähnliches, sondern besonders in Dürrejahren auch Sträucher und Bäume.

Regional lassen sich in der Sahelzone unterschiedliche aber im Endeffekt doch gleiche Entwicklungen nachzeichnen.

Einerseits halten die traditionellen Ackerbauern im Süden vermehrt höhere Zahlen an Vieh, was dazu führt, dass die Gebiete rund um die Siedlungen nicht nur völlig abgeholzt (s.o.), sondern auch völlig abgegrast sind[29].

Andererseits treten an den Konkurrenzplätzen rund um die Brunnen an denen die Nomaden ihre Tiere tränken, in erhöhtem Maße Desertifikationsprozesse auf[30], wodurch sie gezwungen sind auf südlichere Weideflächen auszuweichen, wo sie aber in Konkurrenz zu den Ackerbauern und deren Viehhaltung treten. Diese versuchen aber aufgrund der nachlassenden Produktivität, der Bevölkerungszunahme oder der Dürre ihrerseits die Anbauflächen nach Norden auszuweiten, weshalb die Nutzung im gesamten Sahelgebiet extensiver wird.

4. Zusammenfassung und Vernetzung

Wie schon angedeutet wurde, sind die oben genannten Probleme der Desertifikation sehr stark ineinander verwoben und verstärken sich gegenseitig. So bedingen Bevölkerungszuwachs, aber auch Ausbleiben von Niederschlägen eine Ausweitung der Weide- beziehungsweise Ackerflächen um wenigstens eine minimale Ernte einfahren zu können[31]. Jedoch ist diese Maßnahme, wenn überhaupt, nur sehr kurzfristig von Erfolg gekrönt, da durch die damit

---

[28] Mensching, 1990: 44.
[29] Hauser, 1990: 157.
[30] Die restlos überweidete Fläche liegt in einem Umkreis von 10- 20 Kilometer um die Tränke; Hauser, 1990: 161.
[31] Hauser, 1990: 151.

verbundene Überbeanspruchung des Bodens die Erosion fortschreitet und im nächsten Jahr wiederum weniger Anbaufläche zur Verfügung steht. Ebenso wird durch das Sammeln von Holz als dringend benötigtem Brennmaterial[32] in Verbindung mit dem Grasen der Vieherde die Desertifikation in Form von Bodendegradation beziehungsweise Deflation vorangetrieben.

Oftmals wird nun mit technischen Bauwerken versucht diesen Teufelskreis zu durchbrechen, doch haben Tiefbrunnen und Staudämme fast nie das gewünschte Resultat. Dies ist im Falle der Brunnen insbesondere auf die zu hohe Beanspruchung der direkten Umgebung selbiger zurückzuführen. Da eine Unzahl von Vieherden zur Tränke an die Brunnen kommen wird die Umgebung mit einem Radius von mehreren Kilometern zur Wüste und schafft so eine „künstliche Oase", die einzig und allein aus dem Brunnen besteht. Wertvolles Weideland geht verloren und schränkt die positive Wirkung wiederum sehr ein[33]. Bei den Staudämmen kommen durch die Probleme der Übernutzung von Bewässerung und ähnlichem die ökologischen Probleme hinzu, die dem Staudamm natürlicherweise inhärent sind. Hierzu zählen nicht zuletzt die fehlenden Nährstoff liefernden Überschwemmungen und die Sedimentablagerung im Stausee.

Es wird deutlich, dass technische Maßnahmen alleine nicht ausreichen, um die Ernährungssicherheit zu gewährleisten[34]. Vielmehr müssen auch soziale und kulturelle Aspekte berücksichtigt werden, um einen nachhaltigen Fortschritt in der Hungerbekämpfung zu erreichen.

Neben den genannten negativen Rahmenbedingungen, nämlich hauptsächlich der Desertifikation und der damit einhergehenden sinkenden Nahrungsmittelproduktion, wird oft auch die Verteilungsproblematik als das zentrale Hindernis einer ausreichenden Versorgung der Bevölkerung in der Sahelzone angesehen. Dies soll im folgenden Kapitel in seinen zwei Dimensionen, der globalen und der national- regionalen Dimension beleuchtet werden.

III. Die Verteilungsproblematik

1. Makroperspektivisch

Ein häufig genannter Grund für die mangelnde Entwicklung, in unserem Zusammenhang für den Hunger in der Dritten Welt, ist die Abhängigkeit des Südens vom reichen Norden. Es gibt

---

[32] In Afrika südlich der Sahara werden circa 84 Prozent des genutzten Holzes als Brennholz verwendet; vgl.: Oltersdorf/ Weingärtner, 1996: 62.

[33] Bei Dürre drohen die Herden zwar nicht mehr zu verdursten aber zu Verhungern; Hauser, 1990: 161.

[34] Langfristig können sie ja sogar eine insgesamt negative Auswirkung haben.

ja sogar eine Theorie die genau auf diesen Punkt aufbaut: die Dependenztheorie. Sie besagt im Wesentlichen, dass die Industrieländer die Entwicklungsländer ganz bewusst „unterentwickelt halten", indem sie zwar die radikale Liberalisierung jener Märkte durchsetzten, aber ihre Eigenen schützen und subventionieren[35]. Dies gilt im Besonderen für den Agrarmarkt, der in sämtlichen Industrieländern hoch subventioniert wird und riesige Überschüsse produziert, welche zum Teil an die Entwicklungsländer geliefert werden und sie damit politisch erpressbar macht[36]. Jedoch ist es bisher nicht gelungen vermittels dieses Überangebots den Mangel im Süden grundlegend zu beheben. So kommt die Enquete-Kommission „Schutz der Erdatmosphäre" 1994 zu dem Schluss, dass die Überproduktion des Nordens keine Lösung für das Defizit des Südens darstellen kann, da

„[d]ie Agrar- Überschußproduktion der westlichen Industrieländer

[...] schon in der Vergangenheit keine Lösung der

Ungleichverteilung und der Unterversorgung weiter Teile der Welt

[war]"[37]

Geschichtlich gesehen ist also kein Optimismus angebracht wenn man an die Möglichkeit der ausreichenden Ernährung der gesamten Erdbevölkerung denkt; selbst wenn global gesehen die Nahrungsmittel hierfür vorhanden sind. Genau hierin liegt das Problem: Der Norden man könnte auch sagen der Westen, liefert zwar Lebensmittel an die bedürftigen Länder - und schafft damit eine Abhängigkeit[38] - aber nur unzureichend. So ergibt sich ein doppeltes Dilemma: Die Abhängigkeit ist da, aber eine ausreichende Versorgung trotzdem nicht.

Jedoch darf man nicht übersehen, dass der Handel mit den Industrieländern[39] auch positive Seiten hat: Dringend benötigte Devisen können erwirtschaftet werden und auch die cash crops können durchaus zur besseren Versorgung der eigenen Bevölkerung dienen[40], wenn der Anbau in einem gewissen sozialen und ökologisch verträglichen Maß bleibt. Im Senegal zum Beispiel wurde dieses Maß durch riesige Monokulturen von Erdnüssen aber weit überschritten[41]. Ebenso können die in Notfällen gelieferten Nahrungsmittel den „akuten Hunger" etwas

---

[35] Deupmann/ Schumann/ Schwarz in Der Spiegel 27/ 2002.
[36] Wesel, 1991: 114. In Bezug zur Abhängigkeit durch gentechnisch verändertes Saatgut siehe auch: Thielke in Der Spiegel 33/ 2002.
[37] Zitiert nach: Oltersdorf/ Weingärtner , 1996: 31.
[38] Sono in: Der Spiegel 33/ 2000. Hinzu kommen dann auch noch die angesprochenen internen Probleme in Kapitel IV.2.
[39] Der Handel konzentriert sich zumeist auf die Mutterländer der Kolonialzeit; zum Beispiel treiben der Maghreb und der Niger vor allem mit Frankreich Handel, wobei die ehemaligen Kolonien durchweg einen negativen Saldo aufweisen, vgl.: Dinham/ Hines, 1986: 35.
[40] Oltersdorf/ Weingärtner , 1996: 30, sowie: Dinham/ Hines, 1983: 34, 35.
[41] Hauser, 1990: 152. Der Senegal versucht heute diese einseitige Bepflanzung durch Mais- und Gemüseanbau teilweise wieder rückgängig zu machen. Quelle: Vortrag eines senegalesischen Experten in der Vorlesung „Sahelländer Westafrikas" von Prof. Dr. T. Krings am 26.04.2004.

lindern. Einschränkend muss aber gesagt werden, dass solche Hilfsleistungen sich meist nur auf die medial aufbereiteten Katastrophen beziehen, während die anderen weitgehend unbemerkt vor sich gehen. Auch bei den häufigen militärischen Konflikten ist eine Hilfe „von außen" oft unmöglich.

Hier ist eine prinzipielle Unterscheidung angebracht: Hat sich im Laufe der Zeit gezeigt, dass der Norden/ Westen nicht in der Lage ist mit seiner Überproduktion an Nahrungsmitteln den alltäglichen Hunger im Süden zu stillen, so ist seine Hilfe in Notfällen doch zumindest teilweise ein Erfolg. Anders ausgedrückt: Zwar kann über eine globale Verteilung der *chronische* Hunger nicht behoben werden, so kann doch der *konjunkturelle* Hunger zum Teil gestillt werden. Hierbei geht es vor allem um Hilfe während einer Dürreperiode oder einer Flüchtlingssituation. Für den chronischen Hunger jedoch müssen andere Wege gefunden werden, nicht zuletzt um die Dependenz vom Norden abzubauen.

Während auf der globalen Ebene auch die Industrieländer gefordert sind umzudenken, muss auf der national- regionalen Ebene vor allem *innerhalb* der Entwicklungsländer ein Weg zur gerechteren Verteilung gefunden werden.

2. Mesoperspektivisch

Auf der Mesoebene existieren ebenfalls zahlreiche Unterschiede bezüglich der Lebensmittelverteilung und der Ernährungssicherheit. Hier verlaufen die „Bruchlinien" zwischen urbanen und ruralen Gebieten, Herrschenden und Beherrschten, Männer und Frauen sowie zwischen sonstigen kulturell begünstigten (in der Regel die Haushaltsvorstände) und benachteiligten Personen wie zum Beispiel Schwangere oder Kinder[42].

Durch diese Ungleichverteilung multipliziert sich die herrschende Not nochmals wobei insbesondere durch die Unterernährung von Frauen Kinder gewissermaßen schon mit dem Hunger „auf die Welt kommen". Bereits der Fötus leidet unter Nährstoffmangel (quantitativ und/oder qualitativ) und ist bei der Geburt bereits geschädigt[43]. Setzt sich dieser Mangel fort, ist meist der rasche Tod die Folge. In Subsahara - Afrika liegt die Kleinkindersterblichkeitsrate immer noch über 17 Prozent; speziell in den ländlichen Regionen, in denen die medizinische Versorgung in der Regel schlechter als in den Städten ist, liegt sie noch deutlich höher[44]. Zum Vergleich: In den Industrieländern liegt sie bei unter 1 Prozent[45].

---

[42] Oltersdorf/ Weingärtner , 1996: 53, 54.
[43] Wesel, 1991: 96.
[44] Wobei dort natürlich auch nur ein bestimmter Teil Zugang zu medizinischer Versorgung hat.
[45] Brameier, 2001: 28.

Die massenhafte Landflucht ist aber auch keine Lösung für die Dritte Welt. Denn hier bilden sich in kürzester Zeit Megastädte, die infrastrukturell überhaupt nicht auf diese Situation eingestellt sind[46]. Abertausende von Menschen leben von Abfällen die Krankheiten und Seuchen in die Slums schleppen[47].

Selbst bei zeitlich begrenzten Krisenzeiten, wenn ausländische Hilfe vorhanden ist, kann eine Ungleichverteilung nur selten verhindert werden; ja, sie ist oft sogar viel drastischer: Bei militärischen Konflikten versuchen die internationalen Hilfsorganisationen die Flüchtlinge mit Nahrung zu versorgen, jedoch reißen sich nicht selten die Militärs und Paramilitärs diese Hilfsgüter unter den Nagel und konterkarieren somit die eigentliche Intension. Nicht der Hunger der Zivilbevölkerung wird gemildert, im Gegenteil, die Kriegsparteien werden durch die Lebensmittelhilfen versorgt.

Insofern muss die Vorgehensweise der Hilfslieferungen auf den Prüfstand gestellt werden ohne die prinzipielle moralethische Notwendigkeit in Frage zu stellen wie dies auch heute (leider) noch zahlreiche Menschen im Sinne von Malthus tun. Er sah den Hungertod als notwendiges Regulativ der Natur an, welcher verhindert, dass die Kapazität der Erde überschritten wird[48]. Doch ist dies schon durch die Tatsache, dass die Nahrungsmittel der Erde bei richtiger Aufteilung für die gesamte Menschheit ausreichen würden, nicht stringent[49].

Wie kann also, wenn man Malthus These verneint, eine Ernährungssicherheit für alle Menschen schaffen? Die heutzutage wichtigsten Ansätze hierzu sollen im nächsten Kapitel aufgezeigt werden.

IV. Lösungsansätze

1. Ernährungssicherheit

Eine Strategie zur Behebung des Hungerproblems fokussiert auf der Produktion von Grundnahrungsmitteln. In bewusstem Gegensatz zum Anbau von cash crops soll gerade durch die Beschränkung auf traditionelle Anbaumethoden und Früchte eine Ernährungssicherheit erreicht werden. Das heißt, dass nicht nur genügend Grundnahrungsmittel produziert, sondern

---

[46] Hierzu zum Beispiel: Wülker, 1991: 70- 92 und Oltersdorf/ Weingärtner, 1996: 29.
[47] Vor allem Wurmkrankheiten.
[48] Wesel, 1991: 104.
[49] Vgl. Kapitel II.

auch die richtige Ernährung durch die Bewahrung von kulturellen Bräuchen gewährleistet werden soll.

Vorteile sind die Unabhängigkeit vom Weltmarkt, dessen Preise stark schwanken können und, relativ gesehen, sehr niedrig sind. Außerdem ergeben sich keine Verteilungsprobleme da gewissermaßen an der Basis produziert wird. Eine individuelle Vorsorge der Familien scheint zumindest im kleinen Rahmen möglich zu sein.

Die Probleme dieser Strategie liegen in der mangelnden Berücksichtigung der Urbanisierung und der „modernen" Wirtschaftsweise. Die Ernährungssicherheit ist nur der erste Schritt zur wirtschaftlichen Entwicklung und zeigt keine Möglichkeiten einer weitergehenden Entwicklung im industriellen und Dienstleistungssektor auf. Auf nationaler Ebene muss das Land in der Lage sein, die durch die Konzentration auf den Eigenbedarf fehlenden Exporterlöse zu kompensieren, um langfristig nicht doch wieder auf den Anbau von cash crops angewiesen zu sein, um der Schuldenfalle zu entgehen.

2. Dauerhafte Agrarentwicklung

Die Strategie zur dauerhaften Agrarentwicklung hat den allgemeinen Fortschritt stärker im Blick, denn es soll nicht auf individueller Ebene die Versorgung gewährleistet werden sondern auf nationaler Ebene. Voraussetzung hierfür sind ein stabiler Binnenmarkt und Preise, die nicht durch den Weltmarkt auf ein für die Landwirte unrentables Niveau gedrückt werden. Hierfür müssen durch den Staat umweltorientierte Handelshemmnisse bestimmt und der nationale Ressourcenschutz in den Vordergrund gestellt werden. Durch die Schaffung von Betrieben, die ökologisch nachhaltig produzieren, kann der Desertifikation Einhalt geboten und damit die langfristige Versorgung gesichert werden. Als zusätzlicher allgemeiner Risikoschutz dient die Diversifizierung der angebauten Produkte, was darüber hinaus auch das individuelle Gesundheitsrisiko eindämmen soll.

Dieser Ansatz geht also über die Subsistenzwirtschaft hinaus, sieht das Ziel in einer dauerhaften, ökologisch eingebundenen Entwicklung auf Länderebene. Die Konzepte der ökologischen Nachhaltigkeit stehen über der Devisenerwirtschaftung und kurzfristigen Gewinnmaximierung. Allerdings wird der (Selbst-) Ernährungssicherheit nicht ein so hoher Stellenwert eingeräumt, da diese oft nur über einen hohen ökologischen Preis zu erreichen ist. Stattdessen soll, ausgehend von der lokalen Ebene, über das globale Verbot des „ökologischen Dumpings" ein fairer Agrarhandel möglich werden[50]

---

[50] Hein, 1992: 109, 110.

3. Liberalisierung des Agrarmarktes

Über eine Liberalisierung des Agrarmarktes erhoffen sich die Entwicklungsländer die Möglichkeit besser an ihren Agrarexporten zu verdienen. Wenn die Industrieländer ihre Subventionen abbauen würden, würde die Überschussproduktion abnehmen und die Preise steigen. Von diesen gestiegenen Preisen könnten dann insbesondere die Bauern aus Entwicklungsländern profitieren, da sie oft zu günstigsten Konditionen exportieren können. Der Fokus liegt hierbei nicht auf der Selbstversorgung, sondern gerade in einer hohen Integration in den Weltmarkt[51]. Nach Adam Smiths neoklassischer Wirtschaftstheorie müsste sich dann die Produktion an den billigsten Standort verlagern, der bei vielen Agrarprodukten in den Entwicklungsländern liegt. Über diese Einbindung in den Weltmarkt und die erwirtschafteten Devisen kann dann die Ernährungssicherheit gewährleistet werden. Zudem müssten allerdings die Hilfsgüterlieferungen gänzlich eingeschränkt oder zumindest stark zurückgefahren werden, da sonst keine Binnennachfrage entstehen kann[52]. Dies setzt voraus, dass die Menschen im Inland ein gewisses Maß an Kaufkraft haben, die nach Wesel durch die Anwendung möglichst arbeitsintensiver statt kapitalintensiver Methoden gelingen könnte, was beiläufig noch die Reduktion arbeitsloser Personen bedeuten würde[53].

Jedoch ist keineswegs gesichert, dass durch die globale Liberalisierung der Agrarmärkte die Preise steigen[54], dennoch wird eine solche Liberalisierung häufig als Voraussetzung für einen erfolgreichen Kampf gegen den Hunger angesehen, da hiermit die ungünstigen Verteilungseffekte abgebaut werden können[55]. Den Preis hierfür dürfte auf lange Sicht jedoch wieder der Süden bezahlen, da bei gnadenlosem Wettbewerb oft Raubbau an der Natur nicht vermieden werden kann.

4. Zusammenfassung und Vernetzung

Jede der genannten Strategien hat ihre Vor- und Nachteile, deshalb ist es nötig sie gegeneinander abzuwägen und ihre Vorzüge möglichst zu kombinieren.

Bezogen auf die Bekämpfung des Hungers ist natürlich vor allem die ausreichende und qualitativ ausgewogene Versorgung der Bevölkerung das Wichtigste. Vordergründig scheint hierfür die Strategie der Ernährungssicherheit am besten geeignet. Doch hat sie einerseits gewisse ökologische Risiken und droht andererseits die Entwicklungsländer längerfristig im

---

[51] Hierfür muss allerdings das kulturell bedingte Misstrauen gegenüber der Globalisierung abgebaut werden. Schmidt, 2003: 94.
[52] Und die Motivation nachlässt sowie die Hilfe korrumpierend wirken kann, siehe unten.
[53] Wesel, 1991: 117. In diese Richtung geht auch Lachmann: Lachmann, 1990: 86, 87.
[54] Wesel geht eher von einer Stabilisierung aus; Wesel, 1991: 111.
[55] Wrobèl- Leipold, 1988: 37, 38.

Abseits festzuhalten, da eine Integration weitgehend vermieden wird[56]. Deshalb muss eine gewisse Liberalisierung der Agrarmärkte stattfinden um die terms of trade nicht noch mehr zu Ungunsten des Südens zu verschieben. Hierbei sind besonders die Industrieländer gefordert ihre Märkte zu öffnen. Allerdings sollte dies nur unter dem Rahmen einer globalen Umweltorientierung geschehen, d.h. während die Industrieländer ihre Agrarmärkte unter ökologischen Gesichtspunkten so weit wie möglich öffnen, sollten die Entwicklungsländer ihre Märkte unter denselben Gesichtspunkten etwas schützen[57]. Ziel ist das Erreichen einer ausgewogenen Balance zwischen fairen Wettbewerb einerseits und ökologischer Nachhaltigkeit andererseits. So könnte verhindert werden, dass der Süden die kurzfristigen Gewinne eines schrankenlosen Wettbewerbs mit dem langfristigen ökologischen Ruin bezahlt.

Am besten scheint also eine Kombination aus Liberalisierung und dauerhafter Agrarentwicklung zu sein. Dies entspricht der Tatsache, dass die am meisten von Hunger betroffenen Länder den höchsten Selbstversorgungsgrad aufweisen und nicht umgekehrt[58]; zudem sind sie für Krisen wie regionalen Dürren anfälliger als Länder, die ihren Nahrungsmittelbedarf ohnehin zum Teil durch Importe decken.

V. Résumée

Angesichts der angeführten Probleme ist eine Lösung des Hungerproblems in Afrika südlich der Sahara in absehbarer Zeit nicht zu erwarten. Doch könnte mit geeigneten Strategien zumindest der negative Trend umgekehrt und eine positive Entwicklung erreicht werden. Grundlage hierfür wäre vor allem die globale Beachtung der Umweltproblematik und damit eine Landwirtschaft auf ökologischer Basis. Um dies zu erreichen, muss *direkt* den Bauern vor Ort[59], aber weniger mit Technik und Kapital, als mit Know- How und Hilfe zur Selbsthilfe geholfen werden[60]. Europäische oder amerikanische Wirtschaftsweisen können nicht 1:1 auf Afrika übertragen werden und auch ein simpler Hilfsgüter- oder gar Geldtransfer

---

[56] Eine weitere Gefahr dieser Strategien sieht Lachmann in der Überlassung von entitlements, d.h. von Rechten ökonomischer Art. Dieser Ansatz stärkt aber nicht die Motivationsmechanismen der Betroffenen welche die Grundlage für die Überwindung des Problems sind. Lachmann, 1990: 86, 87. Siehe hierzu auch Kapitel II:
[57] Um eine kurzfristige Gewinnorientierung auf Kosten der Natur zu verhindern, vgl.: Hauser, 1990: 172.
[58] Wesel, 1991: 106.
[59] Da die „trickle down" Effekte in der Praxis nicht eintreten. Lachmann, 1990: 86.
[60] Es ist wesentlich effektiver den Bauern beizubringen wie sie sich ausgewogen ernähren und die passenden Früchte hierzu anzubauen sind anstatt Monokulturen mit Bewässerungsanlagen zu spendieren. Der Hunger resultiert nämlich oft aus der *qualitativen* Mangelversorgung und nicht allein der quantitativen.

bewirkt eher das Gegenteil des gewünschten Effekts[61], denn er senkt die Motivation, welche Voraussetzung für einen Aufschwung ist. Außerdem werden die Gelder notwendigerweise an die politische Elite ausgegeben, die damit oftmals korrumpiert wird[62]. In diesem Sinne müssen die Hilfslieferungen drastisch reduziert werden, auch wenn dies auf den ersten Blick unmoralisch scheint[63].

Auf nationaler Ebene muss die Schonung der Umwelt ebenso oberste Priorität haben, denn sie ist der Garant für eine zukünftige Ernährungssicherheit. Um eine solche Politik durchführbar zu machen, ist auf globaler Ebene ein Mittelweg zwischen Liberalisierung und umweltorientierten Handelshemmnissen nötig, der für alle dieselben terms of trade schafft und akzeptable und stabile Preise garantiert.

Dies kann allerdings nicht ohne ein Abrücken der Entwicklungsländer von der Komplementärwirtschaft zur Substitutionswirtschaft gelingen, da der alleinige Export von Rohstoffen niemals zu einer ausgeglichenen Handelsbilanz und damit zu einer (gesamt-) wirtschaftlich vernünftigen Basis führen kann[64]. Jene ist wie die Teilnahme an der Globalisierung zwingend erforderlich[65], soll Afrika aus der Schuldenfalle und damit auch aus der Hungerproblematik entkommen.

---

[61] Lachmann nennt dies das „Paradoxon der Hilfe", siehe hierzu: Lachmann, 1990: 81, 82.

[62] Lachmann, 1990: 84, 85. Wrobèl-Leipold nennt die Oberschicht der Entwicklungsländer in diesem Zusammenhang den „Agent" des Westens: Wrobèl-Leipold, 1988: 41.

[63] Als politischer Aspekt hinter diesen Lieferungen steckt noch das Problem, dass die Regierungen der Empfängerstaaten ja oftmals nicht an einer Eigenversorgung über große Firmen (zum Beispiel TNC) u.ä. interessiert sind, da sie dann nicht die Verteilungsgewalt über die Nahrungsmittel haben und damit an Macht verlieren. Hierzu auch: Lachmann, 1990: 89.

[64] Lachmann, 1990: 88; Wesel, 1991: 107. Afrikas Anteil an den Weltexporten sank von 5,3 Prozent 1960 auf 2,2 Prozent 1998; nach: Schmidt, 2003: 89.

[65] Ein bemerkenswerter Ansatz stellt hierzu die NEPAD dar; siehe: Schmidt, 2003: 96-99.

Literaturverzeichnis

1. **Brameier, Ulrich**: Armut in Entwicklungsländern, in: Praxis Geographie 2001, Heft 12.

2. **Brameier, Ulrich** : Welternährung, in: Praxis Geographie 1998, Heft 2.

3. **Deupmann, Ulrich; Schumann, Harald, Schwarz, Birgit**: Afrikas letzte Chance, in: Der Spiegel 27/ 2002.

4. **Dinham, Barbara; Hines, Colin** (1986): Hunger und Profit, Agrobusiness in Afrika. Eine Untersuchung über den Einfluss des Big Business auf die afrikanische Nahrungsmittel- und Agrarproduktion, p. Kivouvou Verlag, Brazzaville/ Kongo-Heidelberg.

5. **Hauser, Jürg A.** (1990): Bevölkerung und Umweltprobleme der Dritten Welt Band 1, UTB, Bern.

6. **Hein, Wolfgang**: Agrarentwicklung in der Dritten Welt, in: Deutsches Übersee-Institut (1992): Jahrbuch Dritte Welt 1992. Daten – Übersichten – Analysen (= Beck'sche Reihe Band 449), C.H. Beck Verlag, München.

7. **Lachmann, Werner**: Ökonomische Aspekte zur Überwindung der Not in der Dritten Welt, in: Gormsen, Erdmann; Thimm, Andreas (Hrsg.) (1990): Armut und Armutsbekämpfung in der Dritten Welt (= Interdisziplinärer Arbeitskreis Dritte Welt, Veröffentlichungen Band 4), Universität Mainz, Mainz.

8. **Mensching, Horst G.** (1990): Desertifikation. Ein weltweites Problem der ökologischen Verwüstung in den Trockengebieten der Erde, Wissenschaftliche Buchgesellschaft, Darmstadt.

9. **Oltersdorf, Ulrich; Weingärtner, Lioba** (1996): Handbuch der Welternährung. Die zwei Gesichter der globalen Nahrungssituation, Dietz Verlag, Bonn.

10. **Schmidt, Siegmar**: Afrika- ein marginaler Kontinent? Die Globalisierung aus afrikanischer Perspektive, in: Betz, Joachim; Brüne, Stefan (Hrsg.) (2003): Neues Jahrbuch Dritte Welt. Globalisierung und Entwicklungsländer, Leske+ Budrich Verlag, Opladen.

11. **Sono, Themba**: Freiheit durch Wohlstand, in: Der Spiegel 33/ 2000.

12. **Thielke, Thilo**: Anarchie und Hungertod, in: Der Spiegel 33/ 2002.

13. **UNDP** (2003): Bericht über die menschliche Entwicklung 2003. Millenniums-Entwicklungsziele. Ein Pakt zwischen Nationen zur Beseitigung menschlicher Armut, Berlin.

14. **Wesel, Reinhard**: Landwirtschaft und Ernährung, in: Opitz, Peter J. (Hrsg.) (1991): Grundprobleme der Entwicklungsländer (= Beck'sche Reihe Band 451), C.H. Beck Verlag, München.

15. **Wrobèl- Leipold, Andreas**: Dependenztheorie und Afrikanischer Sozialismus: Ideologische Parallelen und praktische Erfahrungen, in: Ders.; Alt, Gerhard (Hrsg.) (1988): Armut im Süden durch Wohlstand im Norden? Nachträge und Schlaglichter zur Dependenz- Theorie, Hanns Seidel Stiftung, Vilsbiburg.

16. **Wülker, Gabriele**: Der Verstädterungsprozess in der Dritten Welt, in: Opitz, Peter J. (Hrsg.) (1991): Grundprobleme der Entwicklungsländer (= Beck'sche Reihe Band 451), C.H. Beck Verlag, München.